VÖGEL IM GARTEN

Gibt es etwas Schöneres, als morgens mit einer Tasse Tee in der Hand den Vögeln im Garten zuzuschauen und ihrem Gesang zu lauschen? Die geschäftigen kleinen und großen Gäste sorgen jedes Mal für eine Überraschung. Mutige Blaumeisen schnappen kräftigeren Vögeln einen Kern vor dem Schnabel weg, in der Hecke sitzt eine Amsel gut versteckt auf ihrem Nest und am Himmel vollführen Mauersegler atemberaubende Flugmanöver.

Vögel bei ihrem täglichen Treiben zu beobachten wird wirklich nie langweilig, ihr Gesang beruhigt und hebt die Stimmung. Ich kann dir also nur ans Herz legen, selbst einen neugierigen Blick in deinen Garten zu werfen und nach ihnen Ausschau zu halten.

In diesem Karten-Set habe ich 30 Vögel zusammengestellt, die in unseren Gärten häufig zu Gast oder sogar zu Hause sind. Die wunderschönen, detailreichen Vogel-Illustrationen auf den Vorderseiten der Vogelkarten helfen dir, die Arten zu erkennen. Auf den Rückseiten findest du Beschreibungen der Vögel und ihrer Lebensweise. Die Symbole in der Tabelle zeigen dir, womit du ihnen etwas Gutes tun kannst.

Auf 10 weiteren Themenkarten findest du die Symbole aus der Tabelle wieder. Sie stehen für unterschiedliches Vogelfutter, Nisthilfen und das Zugverhalten. Auf der Vorderseite sind alle Arten aufgelistet, die du mit dieser Karte unterstützen kannst. Die entsprechenden Artkarten kannst du der Themenkarte zuordnen. Auf der Rückseite der Themenkarte findest du die passende Anleitung sowie hilfreiche Informationen.

Ich wünsche dir viel Spaß beim Beobachten!

SÄMEREIEN & NÜSSE

DAS SCHMECKT …

Amsel, Blaumeise, Buchfink, Kohlmeise, Buntspecht, Eichelhäher, Elster, Feld- & Haussperling, Gimpel, Grünfink, Grünspecht, Heckenbraunelle, Kleiber, Rabenkrähe, Ringeltaube, Star, Stieglitz

SÄMEREIEN & NÜSSE

Ölreiche Samen und Nüsse helfen vielen Vögeln durch das Jahr. Abhängig von ihren Schnäbeln bevorzugen verschiedene Vogelarten auch unterschiedliche Sämereien. Kräftige Finkenschnäbel haben mit ganzen Erdnüssen oder Sonnenblumenkernen keine Probleme, feinere Schnäbel bevorzugen dagegen kleine Samen wie Hirse, geschälte und gehackte Sonnenblumenkerne oder Mohn. Mit einer bunten Nuss- und Samenmischung tust du vielen Vögeln in deinem Garten etwas Gutes.

Das lieben Vögel:

- ganze oder gehackte Erdnüsse
- geknackte Hasel- und Walnüsse
- ganze oder geschälte Sonnenblumenkerne
- lose Hirse
- Kolbenhirse
- Mohn

ENERGIEREICHES FETT

DAS SCHMECKT ...

Amsel, Blaumeise, Buntspecht, Feld- & Haussperling, Grünspecht, Kleiber, Kohlmeise, Schwanzmeise, Star

Energiereiches Fett

Fettfutter liefert den Vögeln in deinem Garten besonders viel Energie. Du brauchst 1 kg naturbelassenes Kokosfett, 1 kg Sämereien & Nüsse und drei Esslöffel Speiseöl.

1. Lass das Fett langsam schmelzen und gib Sämereien und Öl dazu.
2. Rühre die Mischung ab und zu um, während du sie langsam abkühlen lässt.
3. Forme dein Fettfutter zu Knödeln oder fülle es in Tassen und Keksausstecher, solange es noch geschmeidig ist.
4. Das fertige Futter kannst du mit Schnüren in den Baum hängen. Mit ein bisschen Kreativität tust du nicht nur den Vögeln etwas Gutes, sondern sorgst auch für kleine Hingucker im Garten.

GEÖLTE HAFERFLOCKEN

DAS SCHMECKT …

Amsel, Blaumeise, Buchfink, Buntspecht, Eichelhäher, Elster, Feld- & Haussperling, Gartenbaumläufer, Grünfink, Grünspecht, Heckenbraunelle, Rabenkrähe, Ringeltaube, Rotkehlchen, Schwanzmeise, Singdrossel, Star, Stieglitz, Wintergoldhähnchen, Zaunkönig

GEÖLTE HAFERFLOCKEN

Die feinen, in Öl getränkten Flocken sind vor allem bei Vögeln mit zarten Schnäbeln beliebt. Du brauchst 1 kg Haferflocken und 300 ml Sonnenblumenöl.

1. Gieße das Öl in einen großen Topf und erwärme es langsam.
2. Rühre die Haferflocken unter und nimm den Topf vom Herd. Die Flocken sollen nur das Öl aufsaugen, nicht braun werden.
3. Lass die Flocken auf einem Backpapier ausgebreitet abkühlen. Wenn du magst, kannst du noch ein paar Rosinen hineinmischen.
4. Du kannst die energiereichen Haferflocken dann direkt im Futtersilo oder im Vogelhäuschen anbieten.

OBST FÜR VÖGEL

DAS SCHMECKT …

Amsel, Elster, Grünfink, Heckenbraunelle, Rabenkrähe, Singdrossel, Star

OBST FÜR VÖGEL

- Im Herbst ist der Tisch reich gedeckt mit vitaminreichen Früchten und Beeren. Du kannst deinen Garten vogelfreundlich gestalten, indem du Eberesche, Holunder oder Weißdorn pflanzt. In dichten Naturhecken aus heimischen Sträuchern nisten die Vögel auch sehr gerne.
- Du kannst auch selbst einige Wildfrüchte sammeln und einfrieren oder trocknen, um sie im Winter unter das Fettfutter zu mischen oder ins Futterhäuschen zu legen. Halte Ausschau nach Hagebutten, Vogelbeeren oder Schlehen.
- Viele Vögel freuen sich außerdem über halbierte Äpfel an der Futterstelle.

VÖGEL, DIE BEI UNS BLEIBEN

SIE BLEIBEN …

Amsel, Blaumeise, Buchfink, Buntspecht, Eichelhäher, Elster, Feld- & Haussperling, Gartenbaumläufer, Gimpel, Grünfink, Grünspecht, Heckenbraunelle, Kleiber, Kohlmeise, Rabenkrähe, Ringeltaube, Rotkehlchen, Schwanzmeise, Stieglitz, Wintergoldhähnchen, Zaunkönig

VÖGEL, DIE BEI UNS BLEIBEN

- Viele Vögel sind sogenannte Standvögel. Sie verbringen auch den Winter in unseren Breiten und besuchen dann gerne die Futterhäuschen in den Gärten, um sich zu stärken.
- Manchmal zieht auch nur ein Teil der Vögel einer Art in den Süden oder wandert nur bei besonders kalten Temperaturen in wärmere Gebiete. Man nennt sie Teilzieher. Ihre Abwesenheit fällt uns oft gar nicht auf, denn Vögel aus Nordeuropa nehmen ihren Platz ein.
- Sie alle freuen sich besonders über einen reich gedeckten Tisch, wenn die Natur nur wenig bereithält. Im Gegenzug kannst du sie an der Futterstelle wunderbar beobachten.

VÖGEL, DIE NACH SÜDEN ZIEHEN

SIE ZIEHEN WEG …

Grauschnäpper, Hausrotschwanz, Mauersegler, Mönchsgrasmücke, Nachtigall, Rauch- & Mehlschwalbe, Singdrossel, Star, Zilpzalp

Vögel, die nach Süden ziehen

- Einige Vögel lassen das graue Europa hinter sich, um den Winter im wärmeren Süden zu verbringen.
- Während sich manche schon mit dem Mittelmeer zufriedengeben, durchqueren andere Arten sogar die Sahara und genießen die afrikanische Sonne. Dabei können sie unglaublich weite Strecken von Tausenden Kilometern zurücklegen. Vögel, die so weite Strecken fliegen, sind meist nachts unterwegs. Bereits im Spätsommer fliegen die ersten los und kommen oft erst spät im Frühjahr zurück, wie zum Beispiel die Mauersegler.
- Einige dieser Zugvögel legen bei uns nur einen Zwischenstopp ein, um ihre Kraftreserven wieder aufzufüllen. Star und Singdrossel freuen sich dann über ein reichhaltiges Angebot am Futterhäuschen.

NISTKASTEN

IN HÖHLEN BRÜTEN...

Blaumeise, Feld- & Haussperling, Kleiber, Kohlmeise, Mauersegler, Star

NISTKASTEN

- Vögel, die in Höhlen brüten, kannst du mit einem Nistkasten unterstützen. Für Mauersegler und Sperlinge gibt es spezielle Kästen.
- Unterschiedlich große Einfluglöcher entscheiden darüber, wer einzieht. Blaumeisen bevorzugen Löcher mit einem Durchmesser von 2,7 bis 2,8 cm, Kleiber, Kohlmeise und Sperlinge mögen es mit 3,2 bis 3,6 cm etwas größer, Stare brauchen Löcher mit einer Größe von 4,5 bis 5 cm.
- Achte darauf, dass die Wände aus unbehandeltem Holz mit einer Stärke von 2 cm bestehen, die Grundfläche des Bodens innen bei kleinen Arten 12 x 12 cm groß ist und der Abstand vom Loch bis zum Boden mindestens 17 cm beträgt.
- Spätestens im Frühjahr vor der ersten Brut solltest du den Kasten säubern.

NISTMATERIAL

FAST ALLE VÖGEL ...

benötigen Nistmaterial.

NISTMATERIAL

- Nicht jeden Vogel kannst du mit einer passenden Nisthilfe unterstützen. Einige Arten bauen selbst kunstvolle Nester in Bäumen und Sträuchern. Neben geeigneten Nistplätzen in naturbelassenen Hecken und Büschen, kannst du ihnen Nistmaterial zur Verfügung stellen.
- Schwalben freuen sich über feuchten Lehm, viele andere Vögel bedienen sich gerne an Moos oder naturbelassener Wolle und kurzen feinen Tierhaaren. Auch Spinnweben und lange Grashalme, denen du in deinem Garten etwas Platz einräumst, finden unter den gefiederten Baumeistern Verwendung.

NIST-TASCHE

DARÜBER FREUEN SICH …

Gartenbaumläufer, Zaunkönig, Rotkehlchen

NISTTASCHE

- Geben deine Hecken und Gebüsche nur wenige Nistplätze her, kannst du nachhelfen und eine Nisttasche binden. Die Ranken von Kletterpflanzen oder biegsame Zweige eignen sich dafür.
- Binde ein Ende mit einer Schnur aus Naturfasern zusammen und bringe sie gut geschützt an einen Stamm oder Zweig an. Biege das freie Ende vorsichtig nach oben und schnüre es fest. Ein paar zusätzliche Äste mit Blättern und Nadeln schützen vor hungrigen Blicken.
- Für das eigentliche Nest sorgen die Vögel dann selbst.

HALBHÖHLENKASTEN

IN HALBHÖHLEN BRÜTEN …

Grauschnäpper, Rotkehlchen, Hausrotschwanz

HALBHÖHLENKASTEN

- Einige Vogelarten brüten in der Natur gerne in Felsnischen oder höhlenartigen Vertiefungen ohne enges Einflugloch. Ihnen kannst du mit einem Halbhöhlenkasten ein Zuhause im Garten einrichten.
- Am besten bringst du diese Kästen an einer Hauswand unter einem überhängenden Dach an, damit die Küken im Nest bei Regen nicht nass werden.
- Baust du selbst, sollte das Holz 2 cm dick und die Öffnung etwa 10 x 10 cm groß sein. Im Gegensatz zum Höhlenkasten, ist eine Halbhöhle eher tief als hoch.
- Du kannst auch kreativ werden und zum Beispiel ein Körbchen unter dem Dach deines Gartenhäuschens anbringen.

MAUERSEGLER

MAUERSEGLER

APUS APUS

				×		×			×

- „Srrieh!“ Ihr Ruf verkündet den Sommer, wenn sie ab Anfang Mai endlich wieder bei uns sind.
- Mauersegler haben sichelförmige Flügel und einen gegabelten Schwanz. Ihr Gefieder ist schwarzbraun mit einem hellen Fleck am Kinn.
- Sie verbringen ihr ganzes Leben in der Luft und landen nur zum Brüten. Die Jagd auf fliegende Insekten und die Paarung werden schwungvoll im Flug erledigt, und selbst zum Schlafen und Trinken landen Mauersegler nicht.
- Schon Anfang August machen sich die eleganten Vögel wieder auf den Weg in den Süden. Bis dahin bringen sie mit ihren rasanten Flugkunststücken Leben an den Stadthimmel.

BUNTSPECHT

BUNTSPECHT

DENDROCOPOS MAJOR

×	×	×				×		×	

- Der Buntspecht setzt auf schlichte Eleganz mit einem schwarz-weißen Gefieder und roten Farbtupfern. Sein Bauch ist weiß und zum Schwanz hin kräftig rot. Das Männchen erkennst du am roten Nackenfleck, der dem Weibchen fehlt. Junge Spechte haben zusätzlich einen roten Scheitel.
- Mit seinem kräftigen Schnabel hackt er Insektenlarven aus Baumstämmen heraus oder baut sich eine passende Höhle für die Brut.
- In wellenförmigem Flug zieht er durch unsere Gärten und Wälder und legt Spechtschmieden an, in denen er Zapfen und Nüsse festklemmt, um sie auseinanderzunehmen.

GRÜNSPECHT

GRÜNSPECHT

PICUS VIRIDIS

X	X	X				X		X	

- Beim Grünspecht ist der Name Programm, denn der große Specht ist auf der Oberseite kräftig grün, der Bauch ist beige- und der Bürzel gelbgrün. Der Bauch der Jungvögel ist schwarz gefleckt. Im Kontrast dazu stehen der feuerrote Scheitel und Nacken. Die Männchen haben einen roten Bart, beim Weibchen ist er schwarz.
- Grünspechte siehst du oft am Boden, wo sie mit ihrer klebrigen Zunge nach Ameisen suchen. Störst du ihn dabei, fliegt er im Wellenflug weit fort.
- Sein Trommeln hörst du nur selten, dafür singt er besonders auffällig mit schallendem Gelächter und ist damit weithin zu hören.

BUCHFINK

BUCHFINK

FRINGILLA COELEBS

	X	X				X		X	

- Der farbenprächtige Buchfink ist unser häufigster Brutvogel und besucht gerne unsere Gärten, wenn dort ein paar Bäume wachsen.
- Du erkennst ihn an einem weißen Fleck auf der Schulter und einem breiten, hellen Streifen im Flügel. Das Männchen ist mit einer rosaroten Brust, einem graublauen Kopf und einem olivgrünen Bürzel schön bunt gefärbt. Das Weibchen ist eher unscheinbar graubraun.
- Der Buchfink singt laut schmetternd, außerhalb der Paarungszeit hörst du oft seinen Ruf „Fink“ oder auch den typischen Regenruf.
- Buchfinken bedienen sich gerne am Futterhaus und freuen sich über eine kleine Badestelle im Garten.

KOHLMEISE

KOHLMEISE

PARUS MAJOR

x		x		x		x		x	

- Die Kohlmeise ruft schon im Winter „Frühling“ und singt bei warmem Wetter auch schon sehr zeitig.
- Sie ist unsere größte und häufigste Meise und mit ihrem markanten Aussehen unverwechselbar: ein schwarzer Kopf mit weißer Wange, blaugraue Flügel, moosgrüner Rücken und gelber Bauch. Ein schwarzer Streifen zieht sich von der schwarzen Kehle über den Bauch. Bei den Männchen ist er breiter als bei den Weibchen.
- Du siehst die Kohlmeise häufig im Garten, denn sie ist schon mit ein paar Bäumen und einem Nistkasten oder einer anderen Höhle zum Brüten glücklich.

BLAUMEISE

BLAUMEISE

CYANISTES CAERULEUS

X	X	X		X		X		X	

- Leuchtendes Blau auf Flügeln und Schwanz, ein gelber Bauch und das blaue Häubchen machen sie unverwechselbar. Ihr niedliches Gesicht mit dem winzigen Schnabel ist weiß mit einem schwarzen Streifen. Die Blaumeise singt hoch und trillernd, zetert aber auch gerne ab und an.
- Die kleine Akrobatin turnt auf der Suche nach Insekten auch mal kopfüber in den äußersten Zweigspitzen herum. Im Herbst und Winter knackt sie Sämereien.
- Die freche Meise sorgt am Futterhäuschen oft für Aufregung, wenn sie sich mit größeren Vögeln anlegt. Auch mit einem Vogelbad kannst du ihr etwas Gutes tun.
- In Baumhöhlen baut sie ihr moosgepolstertes Nestchen, sie richtet sich aber auch gerne in Nistkästen häuslich ein.

GIMPEL

GIMPEL

PYRRHULA PYRRHULA

		×				×		×	

- Den großen, rundlichen Fink kennst du vielleicht auch als Dompfaff. Diesen Namen verdankt er dem rosaroten Brustgefieder des Männchens. Kopf, Kinn, Schnabel und Schwanz sind ganz schwarz, Bürzel und Steiß weiß. Das Weibchen ist unauffälliger beige gefärbt.
- Gimpel singen leise und sind nur selten zu sehen. Obwohl sie nicht scheu sind, leben sie eher zurückgezogen und oft in höheren Lagen.
- Im Winter bedienen sie sich gerne an den Samen im Futterhaus, im Frühjahr lassen sie sich die Knospen von Blüten und Blättern schmecken.

GRÜNFINK

GRÜNFINK

CHLORIS CHLORIS

	X	X	X			X		X	

- Der Grünfink sieht mit seinen dunklen Augen und dem starken Schnabel immer etwas mürrisch aus. Dagegen steht sein freundlich gefärbtes Federkleid. Das Männchen ist moosgrün mit Grau an den Flügeln und Halsseiten. An den Flügeln und am Schwanz leuchten gelbe Federn. Das Weibchen ist bräunlicher.
- Mit ein paar Nadelbäumen und Kletterpflanzen wie Efeu kannst du Grünfinken ein Zuhause bieten.
- Sie lieben allerlei pflanzliche Häppchen und schauen auch gern am Futterhaus im Garten vorbei. Die Küken bekommen Insekten serviert.
- Grünfinken singen trillernd im Flug oder rufen mit viel Ausdauer rau „dschrüüüüüih“.

STIEGLITZ

STIEGLITZ

CARDUELIS CARDUELIS

	×	×				×		×	

- Mit seinem schwarz-weißen Kopf, dem leuchtend roten Gesicht und den knallig gelben Streifen auf den schwarzen Flügeln ist der Stieglitz ein auffälliger Gast im Garten. Sein Ruf „Stigelit“ hat ihm zu seinem Namen verholfen.
- Den Zweitnamen verdankt der Distelfink seiner Leibspeise, denn Disteln kann er kaum widerstehen. Geschickt klettert er an den Stängeln der Pflanzen hinauf, um sich die feinen Samen schmecken zu lassen. Auch Sonnenblumen liebt er sehr. Wenn du diese beiden Pflanzen stehen lässt, kannst du die hübschen Finken gut in deinen Garten locken.
- Der Stieglitz baut sein Nest in hohe Astgabeln. Dabei hat er nichts gegen Wohngemeinschaften, solange die Nachbarn Abstand vom Nest halten. Auch sonst ist er gerne in kleinen Schwärmen unterwegs.

SCHWANZMEISE

SCHWANZMEISE

AEGITHALOS CAUDATUS

x	x					x		x	

- Die niedliche Schwanzmeise ist mit ihrem winzigen Schnabel und dem langen, dünnen Schwanz unverwechselbar. Wie eine kleine, flauschige Kugel sieht sie aus. Ihr Federkleid ist weiß und bräunlich rosa gefärbt mit schwarzen Akzenten und einem breiten schwarzen Streifen über den Augen. Vögel aus Nordosteuropa erkennst du am ganz weißen Kopf.
- Schwanzmeisen mögen Gesellschaft und sind oft in kleinen Grüppchen unterwegs, wenn sie ruhelos und mit viel akrobatischem Geschick durchs Gebüsch huschen.
- Sie bauen wunderschöne, hängende Nester aus Moos, Spinnweben und Flechten.

RAUCHSCHWALBE & MEHLSCHWALBE

Rauchschwalbe & Mehlschwalbe

Hirundo rustica & Delichon urbicum

						x			x

- Schwalben sind Frühlingsboten, den Winter verbringen sie im warmen Süden. Wenn sie wieder elegant über den Himmel jagen, fühlt es sich schon fast wie Sommer an.
- Rauchschwalben erkennst du am tief eingeschnittenen, langen Schwanz. Ihre Oberseite ist metallisch schwarz, der Bauch hell und das Gesicht rot. Auf den Schwanzfedern haben sie weiße Flecken.
- Bei Mehlschwalben ist der Schwanz nicht so tief gegabelt. Ihr Bauch ist weiß und der Rücken schwarz mit metallischem Glanz. Der Bürzel ist leuchtend weiß. Das siehst du unten rechts.
- Beide Schwalben brüten in unserer Nähe. Die Rauchschwalbe baut ihre Lehmnester in Ställen und anderen offenen Gebäuden, die Mehlschwalbe klebt sie direkt unters Dach außen ans Haus.

ZILPZALP

ZILPZALP

PHYLLOSCOPUS COLLYBITA

						X			X

- Optisch macht der unauffällige Zilpzalp nicht viel her. Er ist olivgrün mit grünlich beigem Bauch und einem schwachen hellen Streifen über den Augen. Seine Beine sind dunkel. Es gibt eine Menge Arten, die sehr ähnlich aussehen.
- Am Gesang erkennst du ihn gleich. Er singt kraftvoll „Zilp-Zalp“, bringt dabei aber gerne auch mal die Reihenfolge durcheinander oder wiederholt sich. Sehen kannst du ihn meist nur ganz kurz.
- Die meisten Vögel überwintern am Mittelmeer und kommen im März wieder bei uns an. Dann bauen sie kleine kugelige Nester gut versteckt im Gebüsch und nah am Boden.

MÖNCHSGRASMÜCKE

MÖNCHSGRASMÜCKE

SYLVIA ATRICAPILLA

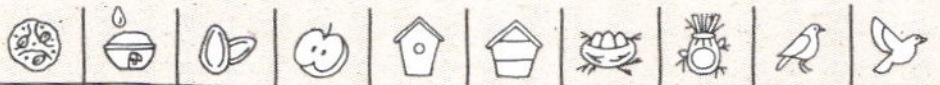

						X			X

- Mönchsgrasmücken sind graubraun mit einem etwas helleren Bauch. Passend zum Namen haben sie ein Käppchen auf dem Kopf, Männchen tragen ein schwarzes, Weibchen ein braunes.
- Ab März kannst du ihren melodischen Gesang aus Gebüschen und Bäumen hören. Sie beenden ihn mit langen Flötentönen und liefern sich gerne auch Gesangsduelle mit anderen.
- Mit ein wenig Gebüsch und einigen Bäumen kannst du die Mönchgrasmücke in deinen Garten locken. Sie frisst Insekten und Spinnen, freut sich aber besonders im Herbst sehr über Beeren und Früchte.
- Den Winter verbringt sie am Mittelmeer, in Nordafrika und inzwischen auch in England.

WEIBCHEN

WINTERGOLDHÄHNCHEN

WINTERGOLDHÄHNCHEN

REGULUS REGULUS

	x					x		x	

- Der Winzling mit den süßen Knopfaugen ist unser kleinster heimischer Vogel. Sein unauffällig grün-beiges Federkleid krönt er mit einem leuchtend gelben Scheitel, der schwarz eingerahmt ist. Beim Männchen verstecken sich unter dem Gelb auch orangefarbene Federn.
- Der kleine Vogel hangelt rastlos kopfüber unter Zweigen entlang oder pickt im Schwirrflug Insekten und Spinnen von der Unterseite der Blätter. Weil er dabei meist hoch oben unterwegs ist, siehst du ihn nur selten, hörst aber seinen sehr hohen Gesang.
- Das Wintergoldhähnchen liebt Nadelwälder und baut sein kunstvolles Hängenest am liebsten in Fichten. Dazu verwendet es auch gerne Spinnfäden.
- Am Futterhaus freut es sich über schützende Fichtenzweige, Talg und getrocknete Insekten.

GARTENBAUMLÄUFER

GARTENBAUMLÄUFER

CERTHIA BRACHYDACTYLA

	X					X	X	X	

- Wie eine Maus klettert der kleine Baumläufer in Spiralen an Bäumen hinauf, dabei stützt er sich mit seinen kräftigen Schwanzfedern ab. Sein Rücken passt farblich perfekt zur Rinde und tarnt ihn ausgezeichnet. Der Bauch ist weiß.
- Er liebt alte Bäume mit rauer Borke. Dort sucht er mit seinem zarten, gebogenen Schnabel nach Insekten und Spinnen. Hinter abstehenden Rindenstücken baut er sein Nest.
- Gartenbaumläufer bleiben auch im Winter bei uns und kuscheln sich nachts dann gerne an geschützten Orten aneinander, um sich gegenseitig zu wärmen.

KLEIBER

KLEIBER

SITTA EUROPAEA

×		×		×		×		×	

- Mit dem schwarzen Streifen über den Augen wirkt er wie ein kleiner Bandit. An seinem grauen Rücken, dem orangebraunen Bauch und dem dolchartigen Schnabel kannst du ihn leicht erkennen.
- Er klettert auf der Suche nach Insekten flink an Baumstämmen hinauf und kopfüber direkt wieder nach unten. Auch Bucheckern und Nüsse lässt er sich gerne schmecken.
- Kleiber lieben Wälder, sind aber auch in Parks und größeren Gärten zu Hause. Dort brüten sie in Baumhöhlen oder Nistkästen und stören sich auch nicht daran, wenn der Eingang zu groß ist. Sie passen ihn einfach mit Lehmklümpchen an ihre Bedürfnisse an.

STAR

STAR

STURNUS VULGARIS

X	X	X	X	X		X			X

- Der Star überzeugt mit einem eindrucksvollen Federkleid. Zur Brutzeit ist es schwarz und glänzt in der Sonne metallisch-ölig in Violett- und Grüntönen. Im Herbst wechselt er zu einem hell gepunkteten Gefieder. Die hellen Spitzen nutzen sich dann bis zum Frühling ab.
- Er ist ein Gesangskünstler und umgarnt sein Weibchen mit knackenden, schnarrenden und pfeifenden Tönen, macht dabei aber gerne auch andere Vögel nach und leiht sich sogar menschengemachte Geräusche aus.
- Stare lieben Gesellschaft und bilden außerhalb der Brutzeit riesige Schwärme, um gemeinsam Nahrung zu suchen, zu schlafen und in den Süden zu ziehen.

JUNGVOGEL

ZAUNKÖNIG

ZAUNKÖNIG

TROGLODYTES TROGLODYTES

	X					X	X	X	

- Nach den Goldhähnchen ist der winzige Zaunkönig unser zweitkleinster Vogel. Er ist klein, kugelrund und huscht flink wie ein Mäuschen durchs Unterholz. Mit seinem rostbraunen, fein gebänderten Gefieder ist er dabei auch perfekt getarnt.
- Was ihm an Körpergröße fehlt, macht der Zaunkönig durch Lautstärke wett. Er singt laut und schmetternd und sucht sich dafür gerne ein erhöhtes, freies Plätzchen, um sich mit stolzgeschwellter Brust und aufgestelltem Schwanz in Szene zu setzen.
- Das Männchen baut mehrere kugelige Nester aus Moos, aus denen die Weibchen eines aussuchen, um die Küken aufzuziehen.

AMSEL

AMSEL

TURDUS MERULA

x	x	x	x			x		x	

- Die Amsel ist einer der häufigsten Gäste in unseren Gärten. Früher war sie nur in den Wäldern zu Hause und auch heute noch sind Waldamseln scheuer als ihre städtische Verwandtschaft.
- Die Männchen präsentieren sich in edlem Schwarz, ihr Schnabel leuchtet gelb. Die Weibchen sind mit elegantem Dunkelbraun weniger auffällig.
- Amseln hüpfen häufig auf der Suche nach Regenwürmern und Schnecken über den Rasen und können dabei einiges an Unordnung hinterlassen.
- Ihren wunderschön flötenden, melodischen Gesang lässt sie im Morgengrauen und in der Abenddämmerung von einem erhöhten Plätzchen erklingen.

SINGDROSSEL

SINGDROSSEL

TURDUS PHILOMELOS

	X		X			X			X

- Singdrosseln sind auf dem Rücken warm hellbraun gefärbt. Ihr Bauch und die Brust sind cremeweiß und mit dunklen, pfeil- oder tropfenförmigen Flecken hübsch gepunktet.
- Der Gesang der kleinen Drossel gehört bei uns zu den schönsten: Laut, flötend und zwitschernd ertönt er, wiederholt sich dabei immer zwei- bis dreimal, bevor eine neue Strophe folgt.
- Sie hat eine ausgesprochene Vorliebe für Schnecken mit Häuschen, die sie geschickt an Steinen aufschlägt. An solchen Drosselschmieden findest du dann unzählige zerbrochene Schneckenhäuser.
- Die Weibchen brüten die blauen Eier alleine aus, beim Füttern der Küken helfen die Männchen aber auch tatkräftig mit.

GRAUSCHNÄPPER

GRAUSCHNÄPPER

MUSCICAPA STRIATA

					X	X			X

- Der Grauschnäpper ist unscheinbar grau gefärbt, sein Bauch und seine Brust sind weißlich und genau wie seine Stirn leicht gestrichelt.
- Sein unspektakuläres Äußeres gleicht er mit akrobatischen Flugkünsten auf der Jagd nach fliegenden Insekten aus. Auf einem Zweig sitzend wartet er ab, bis vielversprechende Beute vorbeischwirrt, dann schwingt er sich in die Luft und schnappt sich den Leckerbissen, bevor er auf seine Warte zurückkehrt.
- Er lebt in Wäldern und Parks, zieht aber auch gerne in Gärten ein, wenn er dort eine Nische zum Brüten findet. Den Winter verbringt er im südlichen Afrika.

ROTKEHLCHEN

ROTKEHLCHEN

ERITHACUS RUBECULA

	X				X	X	X	X	

- Mit den großen schwarzen Knopfaugen, dem zarten Schnabel und dem rundlichen Körper wirken Rotkehlchen besonders niedlich. Sie sind nicht scheu und hüpfen bei der Gartenarbeit gerne in unserer Nähe herum, um das ein oder andere Insekt zu schnappen. Mit ein paar unordentlichen Ecken lockst du sie in deinen Garten.
- Die Oberseite ist olivbraun, der Bauch weißlich. Brust und Gesicht sind leuchtend orange gefärbt.
- So süß sie aussehen, gegenüber ihren Artgenossen können Rotkehlchen ziemlich rabiat sein. Da fliegen nicht selten ein paar Federn.
- Der Gesang ist klar und meist ein wenig wehmütig. Er erinnert an einen leise dahinplätschernden Bach.

HAUSROTSCHWANZ

HAUSROTSCHWANZ

PHOENICURUS OCHRUROS

					X	X			X

- Der Hausrotschwanz steht noch vor der Morgendämmerung auf. Er beginnt seine Darbietung vor allen anderen und singt mit kratzigen und gepressten Tönen von Dachfirsten aus.
- Hausrotschwänze erkennst du am namensgebenden rostroten Schwanz. Ältere Männchen sind hübsch dunkelgrau gefärbt und tragen ein auffälliges weißes Feld im Flügel, Gesicht und Brust sind schwarz. Weibchen und junge Männchen haben ein graubraunes Gefieder.
- Ursprünglich waren Hausrotschwänze nur im Gebirge zu Hause, heute leben sie aber sehr häufig auch mitten in der Stadt, wo sie gerne in Mauernischen brüten.

JUNGVOGEL

NACHTIGALL

NACHTIGALL

LUSCINIA MEGARHYNCHOS

						X			X

- Die Nachtigall ist für ihre wunderschönen, abwechslungsreichen Lieder berühmt. Ihr Federkleid ist dagegen eher unauffällig braun mit einem rotbraunen Schwanz, beigefarbener Brust und weißlichem Bauch.
- Anders als andere Vögel singen Nachtigallen auch bei Nacht. Vor allem Männchen, die noch kein Weibchen für sich gewinnen konnten, geben sich dabei besonders viel Mühe.
- Zu Gesicht bekommst du sie leider nur selten. Sie scheut das Rampenlicht und singt gut versteckt aus Hecken und Gebüschen heraus.
- Bereits im August macht sie sich wieder auf den Weg in den Süden, um den Winter im tropischen Afrika zu verbringen.

HECKENBRAUNELLE

HECKENBRAUNELLE

PRUNELLA MODULARIS

	×	×	×			×		×	

- Die Heckenbraunelle ist ein unauffälliger kleiner Vogel. Mit ihrem braun und schwarz gemusterten Rücken erinnert sie an einen Sperling. Kopf und Bauch sind jedoch blaugrau und ihr Schnabel ist viel zierlicher.
- Sie huscht geduckt wie eine Maus durchs Unterholz und liebt naturnahe Hecken, Wälder und Parks mit vielen Versteckmöglichkeiten. Dort baut sie ein gut verborgenes Moosnest, an dem sich oft zwei Männchen ein Weibchen teilen müssen.
- Erst beim Singen wird das heimliche Mäuschen aufällig, denn die Heckenbraunelle trägt ihre melodischen, schnellen und etwas quietschenden Lieder von den Spitzen kleiner Bäume und Hecken vor.

FELDSPERLING & HAUSSPERLING

FELDSPERLING & HAUSSPERLING

PASSER MONTANUS & PASSER DOMESTICUS

X	X	X		X		X		X	

- Kaum ein Vogel ist bekannter und begegnet uns häufiger als der muntere Spatz.
- Der Scheitel männlicher Haussperlinge ist elegant grau, der Nacken rotbraun und sie tragen ein schwarzes Lätzchen. Ihr Rücken ist kräftig braunschwarz gestreift. Die Weibchen sind unauffälliger graubraun gefärbt.
- Beim kleineren Feldsperling sind Männchen und Weibchen gleich gefärbt. Auch ihr Rücken ist braun gestreift, der Kopf ist jedoch schokoladenbraun mit weißem Kragen und einem schwarzen Fleck auf der Wange.
- Passend zum Namen leben Feldsperlinge etwas ländlicher als ihre Verwandten, die uns sogar bis ins Innere der Großstadt begleiten.

HAUSSPERLING-WEIBCHEN

EICHELHÄHER

EICHELHÄHER

GARRULUS GLANDARIUS

	×	×				×		×	

- Die blau-schwarzen Federn am Flügel leuchten förmlich aus seinem Gefieder heraus und machen den Eichelhäher unverwechselbar. Sein Körper ist hellbraun mit einem Hauch Rosa, die Flügel sind schwarz-weiß, der Bürzel leuchtet im Flug weiß über dem schwarzen Schwanz.
- Die emsigen Eichelhäher sind die Gärtner und Polizisten des Waldes. Im Herbst sammeln sie Eicheln, die sie als Wintervorrat verstecken. Einige davon finden sie nicht wieder, sodass junge Eichen daraus sprießen können. Mit ihrem rätschenden Warnruf warnen sie alle Waldbewohner vor Gefahren.
- Sie leben und brüten dort, wo sie Bäume finden, vor allem Eichen haben es ihnen angetan. Im Herbst sind auch die Haselnusssträucher im Garten sehr beliebt.

RABENKRÄHE

RABENKRÄHE

CORVUS CORONE

	X	X	X			X		X	

- Rabenkrähen begleiten uns überall, sogar mitten in der Stadt. Ihr Federkleid ist klassisch kohlrabenschwarz und glänzt etwas metallisch. Auch der kräftige Schnabel und die Beine sind schwarz.
- Als Aasfresser sind sie die Gesundheitspolizei der Natur. Außerdem bekämpfen sie Schädlinge, denn sie ernähren sich von Schnecken, Insekten, kleinen Wirbeltieren und Würmern. Trotzdem haben sie keinen guten Ruf, denn zur Brutzeit stehen auch ab und an die Eier und Küken anderer Vögel auf ihrem Speiseplan.
- Rabenkrähen sind sehr intelligent und sozial. Außerhalb der Brutsaison sind sie gern gemeinsam unterwegs und sammeln sich abends in großen Schwärmen. Sie können sogar Werkzeuge herstellen und benutzen.

ELSTER

ELSTER

PICA PICA

	X	X	X			X		X	

- Mit ihrem eleganten schwarz-weißen Federkleid und dem besonders langen Schwanz ist die Elster unverwechselbar. Im Sonnenlicht schillern ihre Flügel blau, der Schwanz glänzt metallisch grün, blau und purpurn.
- Elstern sind sehr neugierig und verspielt. Scheinbar furchtlos spazieren sie über die Rasenflächen der Gärten und spielen sogar mit Hunden und Katzen.
- Sie sind gerne paarweise unterwegs. Die Pärchen bauen gemeinsam ihr kugeliges, überdachtes Nest hoch in den Bäumen. Zum Schutz ihrer Küken benutzen sie für das Dach oft dornige Zweige.
- Entgegen ihrem schlechten Ruf, fressen Elstern zwar auch die Eier und Jungvögel anderer Vögel, sie machen aber nur einen kleinen Teil des Speiseplans der Allesfresser aus.

RINGELTAUBE

JUNGVOGEL

RINGELTAUBE

COLUMBA PALUMBUS

	X	X				X		X	

- Unsere größte Taube ist blaugrau gefiedert mit einer graurosafarbenen Brust. Ihr Nacken ist schillernd grün und ihren Hals ziert auf beiden Seiten ein weißer Fleck, der im Jugendkleid noch fehlt. Auch auf den Flügeln findest du einen leuchtend weißen Streifen.
- Ihr Gesang ist ganz charakteristisch fünfsilbig „kru-kruu-kru kru-kru“ und, wenn sie erschreckt auffliegt, erklingt das laute Klatschen ihrer Flügel.
- Im Frühling vollführen die Männchen ausgiebige Balzflüge, bei denen sie flügelklatschend aufsteigen und dann langsam wieder nach unten gleiten, um das Herz ihrer Auserwählten zu gewinnen.
- Das Nest der Ringeltaube besteht aus wenigen Zweigen, die nur verhindern, dass die Eier wegrollen.

Bildnachweis
Mit 118 Illustrationen von AdobeStock (10), Paschalis Dougalis/KOSMOS (85), Lisa Hummel (1), iStock (1), Henrike Kelsch (12), Sandra Lefrançois (1), Shutterstock (4), Steffen Walentowitz (3) und Hanna Wenzel (1). 10 Icons von Lisa Hummel.

Impressum
Verpackungsgestaltung von Gramisci Editorial Design, München, unter Verwendung von Illustrationen von Henrike Kelsch (Blaumeise, Birkenblätter, Federn, Feldsperlinge auf Zweig, Hagebutten) und AdobeStock (Nest).

Gedruckt auf chlorfrei gebleichtem Papier

ISBN 978-3-440-18330-4
Redaktion: Stefanie Tommes
Gestaltung: Gramisci Editorial Design, München
Satz: Claudia Adam Graphik-Design, Bad Kreuznach
Produktion: Markus Schärtlein
Druck und Bindung: Longo AG, Bozen
Printed in Italy/Imprimé en Italie

FSC
www.fsc.org
MIX
Papier | Fördert gute Waldnutzung
FSC® C023164